Was ist ein Tornado

Was ist Hagel?

Warum gibt es
Sommer und Winter?

Wie werden Eisberge
geboren?

Wozu ist
die Atmosphäre da?

Woraus besteht Luft?

Was sind Polarlichter?

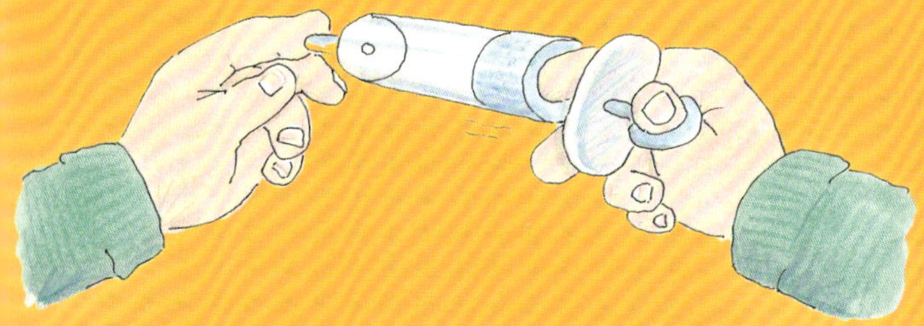

Warum sind Schneesterne
immer sechseckig?

Wie wachsen Eisblumen?

Wie entsteht eine Lawine?

Wie bewegen sich Gletscher?

Impressum

Band 6 der Reihe
„Was Kinder wissen wollen“

7. Auflage 2008

Illustrationen: Detlef Kersten
Coverfoto: istockphoto.com/titine974
Fotos: Australian Severe Weather/J.
Deguara: http://www.australiasevereweat-
her.com (27); J. Curtis (37); dpa (25, 43);
D. Kling (45); NCDC (25); NGDC (19, 21);
NASA (33); Photodisc (21, 31, 35);
Dr. F. Sauer / F. Hecker (41); Kunsthaus
Schwanheide / Dr. A. Keller (39);
istockphoto.com (7, 9, 11, 13, 15, 17, 23, 29)

Text und Redaktion: Ulrike Berger
Layoutentwurf: Christoph von Herrath
Layout: Anja Schmidt
Druck und Bindung: Zanardi, Italien

ISBN 978-3-86613-228-3

Was spuckt ein Vulkan?

Verblüffende Antworten über Naturgewalten

velber

Wie kommt das Wasser in die Quelle?

Wenn es regnet oder Schnee schmilzt, sickert ein Teil des Wassers in den Boden. Das Wasser dringt immer tiefer, bis es auf eine undurchlässige Gesteinsschicht trifft. Hier sammelt sich das Wasser an. Als kleines Rinnsal fließt es unterirdisch weiter – bis es an irgendeiner Stelle aus dem Boden tritt: eine Quelle!

Quellen können ganz unterschiedlich sein. Machmal sprudeln sie wie ein Springbrunnen. Oder sie sind nur ein dünner Wasserstrahl. Und manchmal wird aus einem Sumpfgebiet ein kleiner Bach und man kann gar nicht genau sagen, wo die Quelle ist.

Karstquellen gibt es auch, vor allem in Süddeutschland. Hier quillt das Wasser gleich als ausgewachsener Fluss aus der Tiefe.

Was ist ein Geysir?

Ein Geysir ist eine heiße Quelle, aus der in regelmäßigen Zeitabständen ein Strahl aus heißem Wasserdampf in die Höhe schießt.
Stell dir einen Wasserkessel mit einem Deckel darauf vor. Wenn das Wasser kocht und du den Deckel kurz anhebst, steigen Wasserdämpfe auf. Ein Geysir ist wie ein solcher Wasserkessel, nur mit viel, viel mehr Wasser darin und um vieles heißer. Deswegen schießen die Dämpfe auch viel höher in die Luft als bei einem Wasserkessel: bis zu 90 Meter.

Übrigens:
„Geysir" spricht man so aus: „Gaisir". Besonders viele Geysire gibt es auf Island und Neuseeland.

Ist es in der Wüste immer heiß?

In Sand- und Steinwüsten kann es tagsüber fast kochend heiß werden. Bis zu 60 Grad! Die Sonne heizt dann den Boden und die Steine auf. Steine und Sand können Wärme aber nicht speichern. Nachts, wenn die Sonne weg ist, steigt die Wärme des heißen Bodens sofort in den Himmel. Das liegt daran, dass über der Wüste meist keine Wolken sind.

Wolken sorgen nämlich nicht nur für Regen. Sie wirken auch wie ein Deckel für die Gegend, über der sie stehen, und halten die Wärme fest. Wenn aber, wie in der Wüste, keine Wolken da sind, kann die Wärme des Bodens ungehindert nach oben in die Atmosphäre steigen. Dadurch kühlt der Boden in der Wüste völlig aus und es wird nachts eiskalt: bis minus 20 Grad!

Übrigens:
Es gibt auch Eiswüsten – dort ist es auch tagsüber eiskalt ...

Wie kommen Oasen in die Wüste?

Dort, wo heute Wüste ist, war früher Meer! Reste dieses Wassers sind an wenigen Stellen auch heute noch in der Wüste zu finden. Diese Wasserstellen nennt man Oasen. Manchmal sind das richtige kleine Seen, umgeben von Palmen mitten im Wüstensand. Erstaunlicherweise schafft die Wüste es nicht, diese Wasserstellen mit Sand zuzuwehen. Die Wissenschaftler wissen auch nicht, warum das so ist. Ursprünglich gab es Oasen nur dort, wo das Wasser von selbst aus dem Boden kam.

Heute bohren Menschen überall in der Wüste tiefe Löcher in den Boden und suchen nach Grundwasser. Wenn sie dabei tief unten Wasser entdecken, pumpen sie es mit Motorpumpen herauf an die Oberfläche. Sie pflanzen Bäume und gießen sie regelmäßig mit dem Wasser. Solche Stellen heißen Grundwasser-Oasen.

Was ist eine Fata Morgana?

Ein durstiger Wanderer meint, am Horizont in der Wüste Bäume und Wasser zu sehen. Aber da ist nichts! Wie kann das passieren?
Eine Fata Morgana ist eine komplizierte Luftspiegelung, die ganz selten vorkommt. Nämlich nur dann, wenn es in den hohen Luftschichten heißer ist als über dem Wüstenboden. Die Grenze zwischen diesen beiden Luftschichten wirkt dann wie ein riesiger Spiegel. Das Bild der Oase, die erst weit hinter dem Horizont liegt, wird vom „Spiegel“ im Himmel nach vorne auf den Boden geworfen.
Und der Wanderer sieht plötzlich das Bild der Oase vor sich. Er meint, dass eine echte Oase vor ihm sei – obwohl diese in Wirklichkeit viel, viel weiter weg ist.

Eine umgedrehte Fata Morgana gibt es im Sommer auch auf unseren Straßen. Die Sonne heizt die Straße auf. Die Grenze zwischen der heißen Luftschicht über der Straße und der kühleren Luft darüber ist wieder wie ein Spiegel. Jetzt wirft der blaue Himmel sein Spiegelbild nach unten auf die heiße Luftschicht. Und plötzlich sieht es aus, als ob auf der Straße eine Wasserpfütze wäre!

Fata Morgana in der Wüste:
Im Hintergrund scheint
Wasser zu sein!

Was spuckt ein Vulkan?

Die Erdoberfläche ist eine dünne, feste Kruste. Darunter, im Inneren der Erde, ist es glühend heiß. So heiß, dass selbst Steine schmelzen. Diese geschmolzenen Steine tief unten in der Erde heißen Magma. Ein Vulkan ist ein Loch in der Erdkruste, und zwar an einer Stelle, an der die Kruste besonders dünn ist. Eines Tages passiert es: Eine Explosion schleudert brodelnde Magma mit ungeheurer Wucht aus dem Vulkan.
Was also wie Feuer aussieht, sind in Wirklichkeit glühend heiße, geschmolzene Steine! An der Erdoberfläche nennt man das Magma dann Lava. Diese fließt wie ein Brei den Hang hinunter. Das sieht aus wie ein brennender Fluss, der alles auf seinem Weg entzündet.
Außer Lava spuckt ein Vulkan auch Asche und Gesteinsbrocken.

Übrigens:
Viele Menschen leben ganz nah bei Vulkanen – trotz der Gefahr, dass der Vulkan ausbrechen könnte! Denn Vulkanasche und Lava, die früher aus dem Vulkan herabgeregnet sind, haben den Boden dort besonders fruchtbar gemacht.

Wie entsteht ein Erdbeben?

Unsere Erde ist keine feste Kugel aus Stein. Innen in der Erde ist es flüssig. Und die Erdoberfläche, auf der du gehst und auf der die Meere sind, ist wie eine dünne, feste Kruste darüber. Diese Kruste ist wie ein riesengroßes Puzzle aus Platten zusammengebaut, die sich auf der Flüssigkeit bewegen. Machmal kann es passieren, dass sich zwei dieser Platten miteinander verkeilen. Der Druck an den Kanten wird dann immer größer. So lange, bis es einen Ruck gibt und sich die Platten aneinander vorbeischieben. Dann rumpelt und wackelt es: ein Erdbeben!

Übrigens:
Dort, wo immer wieder solche Plattenkanten aufeinander treffen, gibt es auch häufiger Erdbeben. So zum Beispiel an der St.-Andreas-Spalte in Kalifornien.
Die Leute, die dort leben, haben sich an die kleineren oder auch größeren Erdbeben gewöhnt. Sie gehören zu ihrem Alltag. So haben die Kinder dort regelmäßig in den Schulen Erdbebenalarm-Proben.

Diese Schule in Anchorage (Alaska) wurde 1964 durch ein Erdbeben in zwei Teile geteilt.

Auf diesem Acker sieht man genau, wie sich die Erdplatten bei dem Beben verschoben haben.

Gibt es wirklich Monsterwellen?

Monsterwellen, auch Tsunamis genannt, können über 30 Meter hoch werden. Das ist die Höhe eines zehnstöckigen Hauses! Diese Riesenwellen entstehen durch ein Erdbeben auf dem Meeresgrund weit draußen im Ozean. Seebeben nennt man das. Auch der Ausbruch eines Unterwasser-Vulkans oder ein gewaltiger Erdrutsch können solche Wellen auslösen. Auf dem offenen Ozean sind Tsunamis ganz klein – nur einen halben Meter hoch. Deswegen werden sie von Schiffen nicht bemerkt. Aber in Küstennähe wird eine solche Flutwelle plötzlich riesengroß wie eine riesige Wand aus Wasser. Und sie zerstört alles, was ihr in den Weg kommt.

Übrigens:

Wie solche Riesenwellen durch einen Erdrutsch entstehen, kannst du dir bildlich vorstellen, wenn du vom Sprungbrett mit dem Po zuerst eintauchst. Das gibt einen riesigen Wasserschwall – und dabei bist doch nur du hineingesprungen!

Folgen des Tsunamis vom 12. Juli 1993 an der Küste von Hokkaido, Japan.

Wie stark ist der Wind?

Wenn man wissen will, wie stark der Wind ist, misst man seine Geschwindigkeit. Dazu benutzt man ein spezielles Windrad. Die Geschwindigkeit, mit der sich dieses Windrad dreht, gibt die Windgeschwindigkeit an.

- Windstärke 3 bedeutet eine Windgeschwindigkeit von 12 bis 19 Stundenkilometern: Äste und Blätter bewegen sich.
- Windstärke 7 entspricht 50 bis 61 Stundenkilometern. Jetzt werden Bäume geschüttelt und beim Laufen musst du dich gegen den Wind stemmen.
- Ein Wind der Windstärke 12 bläst mit über 118 Stundenkilometern: Ein solcher Orkan entwurzelt Bäume und kann Häuser abdecken.

Was ist ein Tornado?

Was passiert, wenn du in der Küche Bananenstücke in einen Mixer wirfst und den Mixer anstellst? Es bildet sich ein starker Wirbel, die Bananenstückchen werden nach unten zu den Messern gezogen und dort klein gehackt.
Ein Tornado ist wie ein solcher Mixer, nur umgekehrt: Er zieht nämlich alles nach oben! Der Wirbelsturm, der wie ein Schlauch oder Trichter aussieht, kann bis zu 600 Stundenkilometer schnell werden und einen Durchmesser von 250 Metern erreichen. Alles, was ihm auf seinem Weg in die Quere kommt, saugt er nach oben: Häuser, Bäume oder Autos. Tornados sind Wirbelstürme über dem Land. Es gibt aber auch Wirbelstürme über dem Ozean: In der Karibik heißen sie Hurrikan, im asiatischen Raum Taifun oder Zyklon und in Australien Willy-Willy.

Übrigens:
Tornados und andere Wirbelstürme sind zwar sehr zerstörerisch, aber sie sind auch wichtig für das Klima auf der Erde. Denn sie gleichen die Temperatur-Unterschiede zwischen heißen und kalten Gebieten aus.

Tornado

Hurrikan

Taifun

Was ist Hagel?

Ein Hagelkorn beginnt als Regentropfen im unteren Bereich einer Gewitterwolke. Dort ist es null Grad kalt. Im oberen Bereich der Wolke sind es aber minus 40 Grad! Der Regentropfen wird ständig von unten nach oben durch diese Gewitterwolke gewirbelt. Auf dem Weg nach oben friert der Tropfen und wird zu einem kleinen Eiskorn. Wenn das Eiskorn wieder in den unteren Bereich der Wolke gewirbelt wird, friert dort weiteres Wasser an ihm fest. Zusätzlich verbindet sich das kleine Eiskorn bei der ganzen Wirbelei mit anderen Eiskörnern. Je öfter sich dieses Gewirbel in einer Wolke wiederholt, umso größer wird das Korn. Und irgendwann ist es zu schwer und fällt als Hagelkorn auf die Erde!

Übrigens:
Die Größe von Hagelkörnern ist immer unterschiedlich. Meist sind sie nur so groß wie eine Erbse. Auch dann können sie schon große Schäden an Autos oder Häusern anrichten. Hagelkörner können aber auch größer als ein Tennisball werden!

Warum gibt es Sommer und Winter?

Die Erde läuft im Kreis um die Sonne. Für eine Runde braucht sie 365 Tage – ein Jahr. Die Erde dreht sich dabei selbst wie ein Kreisel. Genauer gesagt: wie ein gekippter Kreisel. Daher bekommt auf dem Weg um die Sonne nicht jede Gegend der Erde immer gleich viel Licht und Wärme: Mal ist die südliche und mal die nördliche Erdhälfte näher an der Sonne. Den Teil der Erde, der näher an der Sonne ist, erreicht mehr Wärme. Dort wird es dann Sommer, während auf der anderen Seite Winter herrscht. Wenn also bei uns Sommer ist, ist zum Beispiel in Australien Winter.

Übrigens:
Wenn du am Äquator leben würdest, würden sich die Jahreszeiten nicht unterscheiden. Denn dort scheint die Sonne das ganze Jahr über fast gleich stark.

Frühling
Sommer
Herbst
Winter

Wie werden Eisberge geboren?

Beide Pole der Erde sind dick mit Eis bedeckt. Bis zu 4000 Meter dick! An den Polen ist es so kalt, dass der Schnee nicht schmilzt, sondern mit der Zeit zu Eis wird. Am Rand der Eismassen schlagen die Wellen des Meeres Risse und Spalten ins Eis. Manchmal brechen dann riesige Eisblöcke ab: Eisberge! Wenn ein solcher Eisberg geboren wird, dann sagt man: „Das Eis hat gekalbt."

Die frisch geborenen Eisberge treiben aufs Meer hinaus – riesige Berge aus Eis. Sie können viele Kilometer lang sein. Aber nur ihre Spitze ist zu sehen. Der größte Teil der Eisberge befindet sich unter Wasser. Deshalb sind Eisberge eine große Gefahr für die Schiffe auf den Meeren.

Wozu ist die Atmosphäre da?

Die Atmosphäre ist eine dichte Lufthülle, die sich wie ein Mantel um die Erde schmiegt. Vom Weltraum aus erkennt man die Erdatmosphäre nur an den Wolken darin.
Unsere Atmosphäre ist fast 300 Kilometer dick! Aufgebaut ist sie aus vielen verschiedenen Luftschichten, die übereinander liegen. Jenseits dieser Lufthülle beginnt der Weltraum. Dort gibt es keine Luft zum Atmen, keine Wolken – aber klirrende Kälte. Dort herrschen nämlich minus 120 Grad!
Die Atmosphäre schützt alles Leben auf der Erde vor dieser Kälte und vor der tödlichen Strahlung der Sonne.

Übrigens:
Das Wort Atmosphäre stammt aus dem Griechischen. „Atmos“ ist der Dunst und „Sphaira“ bedeutet Kugel.

Woraus besteht Luft?

Stell dir vor, du mischst Apfelsaft, Orangensaft, Cola und andere Getränke zusammen. Dann entsteht ein Gemisch aus verschiedenen flüssigen Stoffen.
Eine solche Mischung ist auch die Luft, aus der unsere Atmosphäre besteht. Nur besteht sie aus verschiedenen Gasen.

78 Prozent der Luft, und damit der größte Teil, bestehen aus dem Gas Stickstoff. 21 Prozent sind Sauerstoff, den wir zum Atmen brauchen. Dann gibt es noch Kohlendioxid, Wasserstoff, verschiedene Edelgase, aber auch Staub, Meersalz und Abgase.

Ein Experiment:
In der Apotheke kannst du eine leere große Spritze bekommen. Halte die Öffnung mit einem Finger zu. Versuche, die Spritze aufzuziehen. Das geht ein Stück weit! In der Spritze ist jetzt aber nichts drin, nicht einmal Luft – es ist luftleerer Raum, Vakuum genannt. Erst wenn du deinen Finger von der Öffnung wegnimmst, strömt die Luft hinein. Vielleicht kannst du sogar hören, wie die Luft-Teilchen in die Spritze hineinströmen!

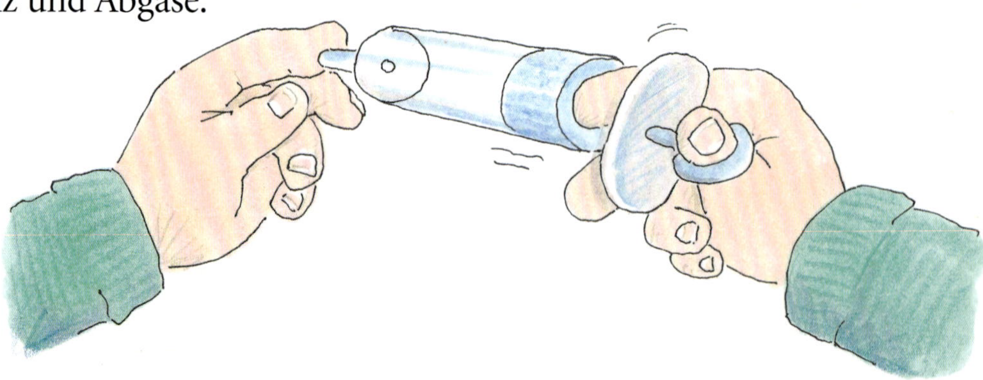

Was sind Polarlichter?

Polarlichter sind leuchtend bunte Streifen am Himmel. Meist sind sie auf der nördlichen Halbkugel in Alaska, Kanada oder im Norden von Skandinavien zu beobachten. Es gibt sie aber auch am Südpol.
An diesen bunten Himmelslichtern ist die Sonne schuld. Denn außer Wärme und Licht schickt die Sonne auch elektrisch geladene Teilchen Richtung Erde. Man nennt sie Sonnenwind. Mit 800 Kilometern pro Sekunde schießen diese Teilchen durch das All.

Normalerweise prallen sie überall an der Erdatmosphäre ab. Denn die Atmosphäre ist ein magnetisches Sicherheitsfeld. Diese Feld ist nur an zwei Stellen undicht: am Nordpol und am Südpol.
Hier können die elektrisch geladenen Teilchen in unsere Atmosphäre eindringen und treffen auf Stickstoff und Sauerstoff. Und dabei funkt es heftig. Diesen Funkenregen kann man in verschiedenen Farben sehen. Sauerstoffregen zum Beispiel leuchtet grün und Stickstoffregen rot!

Wie wachsen Eisblumen?

In Räumen ohne Heizung kann es in Winternächten sehr kalt werden. So kalt, dass der Wasserdampf, den wir ausatmen, an der eiskalten Fensterscheibe sofort zu winzigen sechseckigen Eis-Stäbchen gefriert. Diese Stäbchen wachsen im Laufe der Nacht die Scheibe entlang. Kleine Unebenheiten oder Staubkörner auf der Scheibe sorgen dabei dafür, dass sich die Stäbchen beim weiteren Gefrieren verästeln – und über Nacht wunderschöne Eisblumen am Fenster entstehen.

Übrigens:
In heutigen Wohnungen gibt es eigentlich keine Eisblumen mehr. Denn dazu muss es im Schlafzimmer ziemlich kalt werden und die Temperatur der Fensterscheiben deutlich unter null Grad liegen. Heutige Isolierfenster werden nicht mehr so kalt – und Heizungen sorgen dafür, dass es im Zimmer auch nachts noch angenehm ist.
Aber auf Berghütten oder an Autoscheiben kannst du manchmal noch Eisblumen finden!

Warum sind Schneesterne immer sechseckig?

Ein Schneestern entsteht in den Wolken, wenn dort in der eiskalten Luft Wasserdampf an einem winzigen Staubkorn festfriert.
Der Wasserdampf gefriert dabei nach einer ganz bestimmten Regel: Wasser besteht aus winzigen Teilchen. Diese sind wie das Innere eines Mercedes-Sterns aufgebaut. Nämlich mit drei Strahlen – immer gleich lang, immer im gleichen Abstand voneinander. Wenn nun viele solcher dreistrahligen Wasser-Teilchen aufeinander treffen, schließen sie sich zu einem ganz bestimmten Muster zusammen: Nämlich so, dass sie immer gleich weit weg voneinander sind. Und das ergibt – ein Sechseck!

Und weil neue Wasserteilchen immer am liebsten an den Ecken des Sechsecks anfrieren, wächst die Figur zu einem Stern mit sechs Strahlen heran.

Übrigens:
Obwohl es eine feste Regel gibt, wie Schneesterne aufgebaut sind, gibt es nie zwei Schneesterne, die genau gleich sind. Nur eines haben alle gemeinsam: Sie sind sechseckig!

Wie entsteht eine Lawine?

Es gibt verschiedene Lawinen, beispielsweise Fließschnee-Lawinen oder Eislawinen. Besonders gefährlich sind Schneebrett-Lawinen. Sie entstehen an steilen Hängen, wenn viel Neuschnee gefallen ist. Zuunterst liegt eine dicke Schicht aus hartem alten Schnee. Immer mehr Neuschnee fällt darauf. Mit der Zeit wird die neue Schneedecke immer schwerer. Noch bleibt sie auf dem harten alten Schnee liegen. Aber irgendwann gibt es eine kleine Erschütterung. Das kann ein einziger Skifahrer sein! Und plötzlich bricht die Neuschneedecke an einer Stelle ab. Sie rutscht als riesiges Schneebrett auf der alten Schneedecke wie auf einer Rutschbahn hinunter ins Tal. Dabei kann sie bis zu 80 Stundenkilometer schnell werden und alles auf dem Weg zerstören.

Ein Experiment:

Im Sandkasten kannst du kleine „Sandbrett-Lawinen“ erzeugen. Baue einen Berg aus festem nassen Sand. Streiche ihn schön glatt. Darauf lässt du im oberen Teil feinen trockenen Sand rieseln. Das geht eine Weile gut, aber auf einmal löst sich der feine Sand und rutscht geschlossen den Sandhang hinunter: eine Sandlawine!

Wie bewegen sich Gletscher?

Je höher man im Gebirge ist, desto kälter wird es. Auf den höchsten Gipfeln der Erde ist es so kalt, dass der Schnee, der dort fällt, nicht mehr schmilzt. Er sammelt sich an und verwandelt sich langsam zu festem Eis. Das Eis bleibt aber nicht einfach dort liegen. Weil es immer schwerer wird, rutscht es ganz langsam den Berg hinunter. Jeden Tag nur wenige Zentimeter. Dabei bildet es Eisströme. Sie sehen wie gefrorene Flüsse aus und heißen Gletscher! Das Eis rutscht immer weiter nach unten. Und weil die Luft weiter unten wärmer ist, schmilzt das Eis am unteren Rand des Gletschers. Dort bildet sich ein Gebirgsbach.

Der Columbia Gletscher in Alaska bewegt sich am schnellsten: Jeden Tag 35 Meter!

Übrigens:
Das Eis rutscht nicht immer gleichmäßig den Hang hinunter. Manchmal bewegt es sich auch ruckartig und reißt dabei eine Spalte ins Eis: So entstehen Gletscherspalten!

Was Kinder wissen wollen

In der Reihe „Was Kinder wissen wollen“
sind bereits folgende Titel erschienen:

Was wäscht der Waschbär?

Verblüffende Antworten
aus der Tierwelt

ISBN 978-3-86613-072-2

**Woher kommen
Blitz und Donner?**
Verblüffende Antworten
über Himmel und Erde

ISBN 978-3-86613-073-9

**Warum haben wir
zehn Zehen?**
Verblüffende Antworten
über den Körper

ISBN 978-3-86613-200-9

**Wie kommen die Streifen
in die Zahnpasta?**
Verblüffende Antworten
aus dem Alltag

ISBN 978-3-86613-201-6

Hatten Dinos Karies?

Verblüffende Antworten
über die Saurier

ISBN 978-3-86613-239-9

**Woher weiß der Toast,
wann er fertig ist?**
Verblüffende Antworten
aus dem Alltag

ISBN 978-3-86613-240-5

**Wie viele Höcker
hat ein Kamel?**
Verblüffende Antworten
aus der Tierwelt

ISBN 978-3-86613-256-6

Wie spült die Klospülung?

Verblüffende Antworten
über Technik

ISBN 978-3-86613-257-3

**Können Schmetterlinge
hören?**
Verblüffende Antworten
über kleine Tiere

ISBN 978-3-86613-227-6

Was spuckt ein Vulkan?

Verblüffende Antworten
über Naturgewalten

ISBN 978-3-86613-228-3

**Wo ist im Weltalll
oben und unten?**
Verblüffende Antworten
über den Kosmos

ISBN 978-3-86613-237-5

**Warum knallt
die Knallerbse?**
Verblüffende Antworten
über Pflanzen

ISBN 978-3-86613-238-2

**Wie kommt der Ritter
in die Rüstung?**
Verblüffende Antworten
über das Mittelalter

ISBN 978-3-86613-270-2

**Wie macht die Kuh
die Milch?**
Verblüffende Antworten
über den Bauernhof

ISBN 978-3-86613-269-6

Können Fische rülpsen?

Verblüffende Antworten
über das Meer

ISBN 978-3-86613-282-5

**Warum hat
ein Bagger Zähne?**
Verblüffende Antworten
über Baustellen

ISBN 978-3-86613-283-2

Warum stinkt der Käse?

Verblüffende Antworten
über Essen und Trinken

ISBN 978-3-86613-293-1

**Warum tragen
Indianer Federn?**
Verblüffende Antworten
über Indianer

ISBN 978-3-86613-294-8

**Wann darf der Lokführer
aufs Klo?**
Verblüffende Antworten
über die Bahn

ISBN 978-3-86613-524-6

**Wo beginnt
der Regenbogen?**
Verblüffende Antworten
über Himmel und Erde

ISBN 978-3-86613-507-9

**Wie schnell ist
die Feuerwehr?**
Verblüffende Antworten
über die Feuerwehr

ISBN 978-3-86613-523-9

**Frieren Pinguine
an den Füßen?**
Verblüffende Antworten
über Eis und Schnee

ISBN 978-3-86613-525-3

**Wie kommt der Fisch
in die Stäbchen?**
Verblüffende Antworten
aus dem Alltag

ISBN 978-3-86613-533-8